Renate Sohnius

Ich habe dich so lieb!

Puppenmachen Schritt für Schritt erklärt

frechverlag

Im frechverlag sind weitere Bücher zum Thema „Puppen und Teddybären selbermachen“ erschienen. Hier eine Auswahl:

TOPP 1825

TOPP 1648

TOPP 2059

✦ ✦ ✦

Meiner Familie und allen Mitarbeitern sage ich ganz herzlichen Dank für die vielfältige Unterstützung bei der Erstellung dieses Buches.
Für die Zeichnungen auf dem Vorlagenbogen danke ich Frau Ricarda Paulick recht herzlich.

✦ ✦ ✦

Fotos: frechverlag GmbH + Co. Druck KG, 70499 Stuttgart; Foto-Studio Menke, Bonn (Portraitaufnahmen der Kinder), Fotostudio Ullrich & Co., Renningen

Auflage: 5. 4. 3. 2. 1. | Letzte Zahlen
Jahr: 2000 1999 98 97 96 | maßgebend

frechverlag GmbH + Co. Druck KG, 70499 Stuttgart

ISBN 3-7724-2089-3 · Best.-Nr. 2089

Druck: frechverlag GmbH + Co. Druck KG, 70499 Stuttgart

Vorwort

Man darf annehmen, daß die erste Anfertigung einer Puppe zeitlich zusammenfällt mit dem Werden von menschlichem Bewußtsein, wenn man bei der Datierung großzügig auf einige Hunderte von Jahren keine Rücksicht nimmt. Eine Puppe als Abbild des Menschen, das wird wohl der Urgrund gewesen sein für die ersten primitiven Darstellungen.

Heute kann man Exemplare von solcher Vollendung bewundern, daß man im Augenblick nicht weiß, ob man „ihm" oder „ihr" persönlich gegenübersteht – man denke an das Kabinett der Madame Tussaud in London. Oder man erinnere sich an die Titelfigur von „Hoffmanns Erzählungen", die sich sogar in Olympia verliebt, eine Puppe als Automat.

Diese Beispiele sollen nur die Bandbreite des Themas „Puppen" aufzeigen. Dazwischen liegt der weitaus größte Bereich, der sich beschreiben läßt mit „Puppen zum Kuscheln", „Puppen zum Liebhaben" oder auch nur mit „Puppen zum Besitzen".

In diesem Buch geht es je nach Geschmack um einen dieser Verwendungszwecke, allerdings mit der zusätzlichen Verknüpfung, daß hier Puppen vorgestellt und kreiert werden, die man zu besonderen Anlässen einem liebgewonnenen Menschen zum Geschenk machen kann. Dabei werden die ganz Kleinen und auch das praktisch Nützliche nicht ausgespart, wenn sich z. B. ein lustig dreinschauender Clown bei genauem Hinsehen als kleiner Wäschesack entpuppt oder wenn ein Sandmann im Fesselballon als Ballast 24 Säcke mit sich führt, die in der Adventszeit die Funktion der bekannten 24 Türchen übernehmen können.

So könnte es also sein, daß der Titel dieses Buches von Mensch zu Mensch bei Übergabe eines Geschenkes zitiert wird, oder daß ein Kind zu seiner Puppe als Spielgefährten sagt: „Ich habe dich so lieb".

Materialien zur Herstellung der Puppen

Genauere Material- und Maßangaben für jede Puppe finden Sie in der Tabelle auf Seite 17.

- Wattevlies, 3 cm stark
- Weiße Füllwatte für Puppen
- Schlauchverband, TG 3 und TG 6
- Gesichtstrikot, feine Qualität
- Körpertrikot, schwere Qualität
- Scheibengelenke, je nach Puppengröße 2 cm bis 5,5 cm Durchmesser
- Stoffmalfarben in Rot, Blau, Braun und Deckweiß
- Lippenstift oder Puderrouge
- Phantomstift zum Vorzeichnen
- Nähnadel, 12 cm lang
- Häkelnadel, Stärke 4
- Loopwolle für eine Häkelfrisur
- Mohairwolle für eine gestickte Frisur
- Mohairfell für Perücken
- Stopfholz und Puppenkleber
- Diverse Utensilien zum Nähen wie Schere, Metermaß, Nähgarn, Steck- und Nähnadeln

Psst,
gleich geht's los!

So entsteht die Babypuppe „Knud" Schritt für Schritt

Ein liebenswertes, kleines Puppenkind wird unter meinen Händen geboren, ich nenne es Knud. Seine Eigenschaften entsprechen in besonderer Weise meinen Vorstellungen, nämlich mollig der Körper, warm das Material und voll beweglich die Gestalt an Armen und Beinen durch eingesetzte Scheibengelenke. Knud wird liebevoll aufgenommen und findet sogleich einen Platz in der Puppenfamilie.

Allen interessierten Puppenfreunden soll hier Gelegenheit gegeben werden, die Anfertigung einer solchen Babypuppe Schritt für Schritt zu erlernen. Damit ist gleichzeitig auch der Grundstein gelegt für die Herstellung der übrigen Puppen, die in diesem Buch beschrieben sind. Haben Sie deshalb Verständnis und genügend Geduld, wenn diese erste Arbeitsanleitung in Bild und Text besonders ausführlich dargestellt wird. Die weiteren Modelle werden Ihnen dann zeigen, wie Sie mit etwas Kreativität dieses Hobby weiter ausbauen können.

Die Anfertigung des Kopfes ist bei allen Puppen gleich und unterscheidet sich lediglich durch unterschiedliche Größen, Frisuren und nicht zuletzt durch die so wichtige Bemalung.

Grundsätzlich sind bei Babypuppen die Abmessungen des Kopfes die Maßgabe für die übrigen Proportionen des Körpers:

Kopfumfang, Kopfhöhe, Rumpf und Beine müssen im Verhältnis 2,5 : 1 : 1,5 : 1,5 stehen, was bei Knud bedeutet, daß der Kopf einen Umfang von 25 cm und eine Höhe von 10 cm hat, während Rumpf und Beine eine Länge von jeweils 15 cm aufweisen (Gesamtgröße nach Fertigstellung ca. 38 cm).

Beispiel zur Berechnung der Körpermaße:
Kopfumfang = 25 cm
25 cm : 2,5 = 10 cm = 1 Anteil = Kopfhöhe
10 cm x 1,5 = 15 cm = Länge von Armen und Beinen

Sehr wichtig ist dabei noch, daß bei herunterhängendem Arm die Hände an den Oberschenkeln enden.

Anhand dieser Richtlinien sind Sie in der Lage, den beigefügten Körpergrundschnitt auf Kopfgrößen Ihrer

Wahl abzustimmen, am einfachsten durch vergrößerndes oder verkleinerndes Kopieren. Sind die Puppen allerdings aus dem Babyalter „herausgewachsen", dann ändern sich die Maße, und zwar wird der Kopf relativ zum Rumpf kleiner, und Arme und Beine müssen länger sein. Für die hier vorgestellten Puppen sind die zugehörigen Schnitte im Vorlagenbogen schon darauf abgestimmt, können also unverändert übernommen werden.

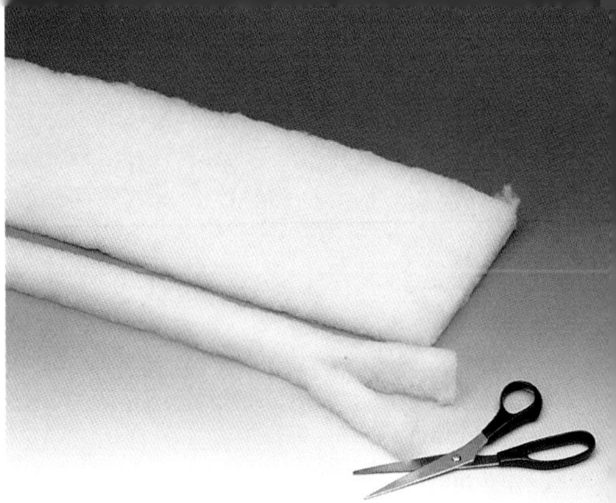

✦ ✦ ✦

Ich lade Sie nunmehr zu einem kleinen, privaten Puppenkurs ein, der Ihnen ebensoviel Freude und auch Spannung bereiten möge, wie ich sie immer wieder erlebt habe.

Vor Ihnen liegt das auf Seite 4 erwähnte Material. Die nachfolgenden Erläuterungen beziehen sich auf ein Vlies von 3 cm Stärke, das Sie als Meterware (1 m x 1,40 m) oder als Bastelpackung (30 cm x 80 cm) im Fachhandel erhalten. Sie können natürlich auch andere Vliesstärken verwenden, wobei sich die folgenden Maßangaben lediglich nach oben oder unten verschieben.
Testen Sie das Vlies zunächst auf seine Fadenrichtung. Schneiden Sie dazu in einer Richtung einen Probestreifen von 3 cm Breite und ca. 10 cm Länge, und versuchen Sie, diesen in zwei gleiche Teile auseinanderzuziehen. Gelingt Ihnen dies mühelos, ist es von nun an der richtige Verlauf. Die falsche Laufrichtung erkennen Sie daran, daß sich der Streifen nur in ungleichmäßige Fetzen auseinanderpflücken läßt.

Für den eigentlichen Beginn der Arbeit werden nun 4 Streifen à 4,5 cm x 60 cm geschnitten und in je zwei gleichmäßige Streifen gerissen. Legen Sie diese mit der wolligen Seite nach unten sternförmig auf den Tisch.
Anschließend werden Streifen von 6 cm Breite geschnitten und wie zu einer Verbandsrolle so lange fest aufgewickelt, bis ein sehr straff angezogenes Maßband die Rolle einschnürt und schließlich einen Umfang von 25 cm anzeigt. Das Ende unbedingt mit ein paar Stichen fixieren.
Die Abmessung sollte sehr sorgfältig durchgeführt werden, da diese 25 cm bereits die endgültige Kopfgröße der Puppe darstellen.
Eine andere Möglichkeit wäre, diesen Kopfkern aus schmalen, auseinander-

gerissenen Vliesstreifen wie ein aufgewickeltes Wollknäuel zu fertigen. Wichtig ist am Ende nur, daß das Produkt nicht so hart wie ein Stein, aber auch nicht so verformbar wie ein Wattebausch ist.
Stellen Sie nun den Kopf senkrecht in die Mitte des vorbereiteten Sterns, und stülpen Sie alle Streifen wie Polypenarme über ihn. Unmittelbar unterhalb des Kopfkerns werden dann die Wattestreifen mit Kordel fest abgebunden. Achten Sie unbedingt darauf, daß die Oberfläche des Kopfes glatt und nicht wellig ist. Gegebenenfalls zupfen Sie die Ränder der Vliesstreifen etwas auseinander und verstreichen sie zu einer ebenen, glatten Fläche.

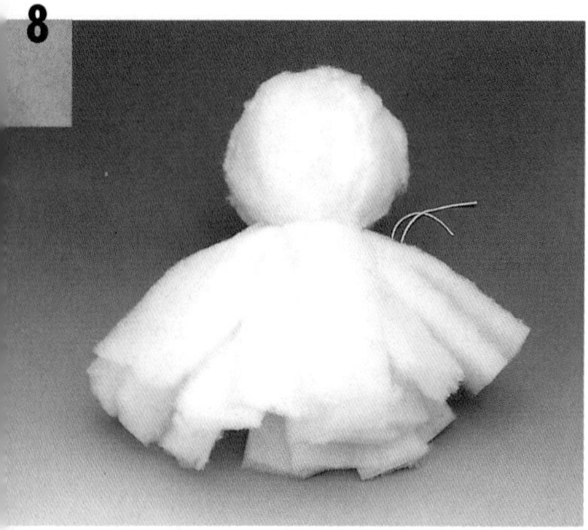

Bei Verwendung von Vlies mit geringerer Stärke ist eine größere Anzahl von Polypenarmen erforderlich. Es ist darauf zu achten, daß die Streifen, die jetzt schon den Körper erkennen lassen müssen, auch genügend Fülle aufweisen (ungefähr die Kopfbreite). Sie stabilisieren Kopf und Rumpf und verhindern, daß der Kopf hin und her baumelt.

Im nächsten Schritt benötigen Sie 6 cm breiten und 60 cm langen Schlauchverband, den Sie an einem Ende mit Garn fest abbinden. Wenden Sie den Verband, und ziehen Sie ihn ganz stramm wie eine zweite Haut über den Kopfkern, wobei das abgebundene Schlauchende innen auf der Kopfmitte sitzt. Ein zweites Mal wird nun unmittelbar unterhalb des Kopfkerns mit Kordel abgebunden.
Nehmen Sie jetzt den Kopf in die Hand, formen Sie ihn, und verstreichen Sie kleine Unebenheiten. Er sollte schön glatt sein und sich elastisch anfühlen. Den restlichen Schlauchverband ziehen Sie über die Polypenarme, so daß Sie jetzt schon einen Kopf sowie einen Körper erkennen können.
Der Schlauchverband wird am Körperende mit einigen Stichen verschlossen. Jetzt wächst schon eine gewisse Erwartung darüber, wie es wohl weitergehen wird.

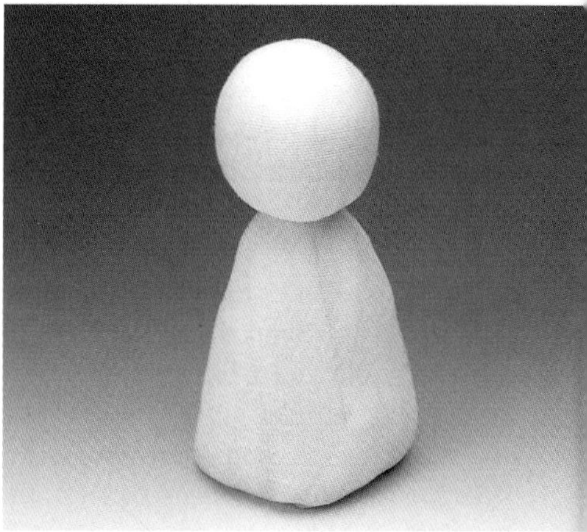

Nun schneiden Sie von der Kordel zwei je 1 m lange Stücke ab und legen eines davon mit zwei gleichmäßig großen Schlingen auf den Tisch. Schieben Sie die linke Schlaufe auf die rechte. Heben Sie die so entstandene Doppelschlinge („Fischerknoten") mit der rechten Hand hoch, und legen Sie sie waagerecht um die Kopfmitte. Dabei ziehen Sie probeweise die beiden Kordelenden ganz leicht auseinander. Sie werden sehen, daß sich die Kordel einschnürt und den Kopf bereits andeutungsweise in zwei Bereiche unterteilt.

Jetzt widmen wir uns der Einteilung des Gesichtes. Geben Sie der Intelligenz die Priorität, d.h., die Stirn ist höher und der Backenbereich kürzer. Verschieben Sie dazu die Kordelschlinge so lange, bis die Stirn etwa 3/5 und die untere Gesichtshälfte 2/5 des gesamten Kopfes betragen. Die Kordelenden sollten

dabei nicht willkürlich, sondern an der rechten Seite, also auf der späteren Ohrhöhe, fest angezogen werden, bis die Kordelschlinge in einer tiefen Mulde verschwindet. Mit zwei starken Knoten fixieren.

Im folgenden Schritt entwickeln Sie nochmals einen Fischerknoten und legen ihn diesmal senkrecht um das Gesicht. In diesem Fall liegen die beiden Kordelenden an der linken Seite. Ziehen Sie sie wieder sehr fest an, und beenden Sie den Vorgang mit einem Doppelknoten. Auch hier ist es wieder empfehlenswert, den Kopf in die Hand zu nehmen, kleine Unebenheiten zu verstreichen und somit bereits individuelle Konturen anzudeuten.

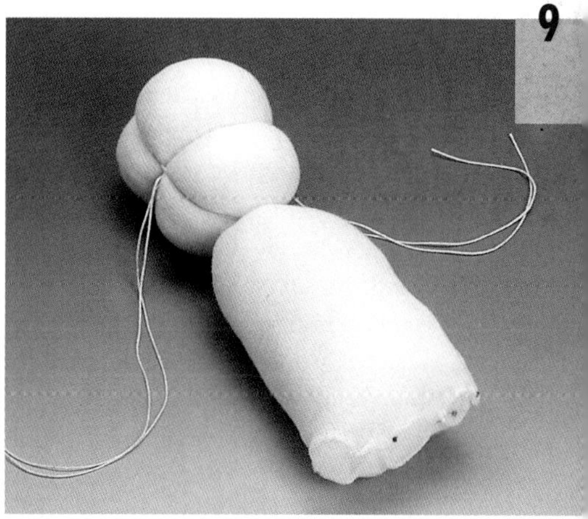

Sie haben nun eine Vorder- und eine Rückseite des Kopfes geschaffen. Die vordere Hälfte, das spätere Gesicht also, erkennen Sie an der senkrecht verlaufenden Kordelschlinge, die das Kinn vor dem Hals abgebunden hat.

Wenden Sie sich nun der Rückseite, dem Hinterkopf, zu. Bedecken Sie hier die eingezogene Mittellinie mit einem Vliesstreifen, und heften Sie ihn rechts und links kurz mit ein paar Stichen an. Damit der Hinterkopf eine schöne Form erhält, schnüren Sie die seitlich herunterhängenden Kordelenden in der Kopfmitte unten zusammen.

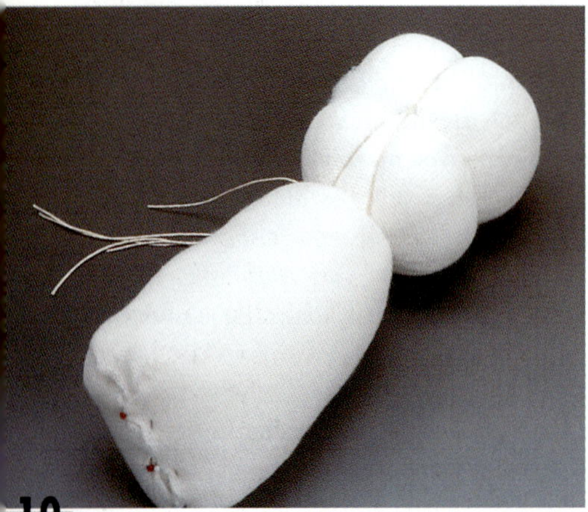

Sie haben damit bereits den Grundaufbau Ihrer Puppe erarbeitet. Nun ist es an der Zeit, ihr ein wenig Hautfarbe zu verleihen. Hierzu benötigen Sie den feinen Gesichtsstoff. Sie legen ein rechteckiges Stück Trikot von 23 cm Breite und 20 cm Höhe hauteng bei einem senkrechten Maschenverlauf um das Gesicht herum und schneiden die am Hinterkopf überstehenden Stoffenden ab. Mit wenigen Stecknadeln eine Mittelnaht am Hinterkopf fixieren. Fahren Sie mit leichtem Fingerdruck über die Augenlinie, so daß die Konturen des Gesichtes erkennbar werden. Fixieren Sie den Stoff in dieser Position mit zwei Stecknadeln. Nähen Sie nun mit kleinen Saumstichen den Trikotstoff auf dem Oberkopf an, wobei die kleine Fontanelle mit dem Trikotstoff kreisrund umnäht wird.

Dann die rückwärtige Naht hauteng bis in den Nackenbereich schließen.

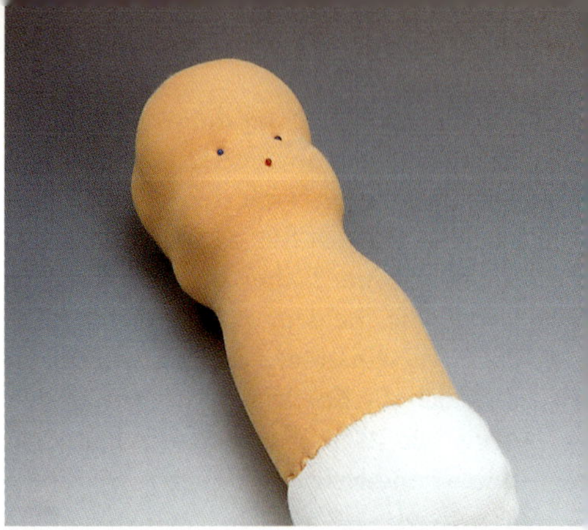

Anschließend ziehen Sie den Trikotstoff stramm nach unten über den Rumpf und nähen ihn rundherum an.

Mit geschickten Händen heben Sie das Kinn ein bißchen an und binden kurz darunter den Hals ab. Wenn Sie hierbei sorgfältig gearbeitet haben, entsteht so gut wie keine Falte. Der Kopf wackelt nicht und bildet mit dem Körper eine sehr stabile Einheit.

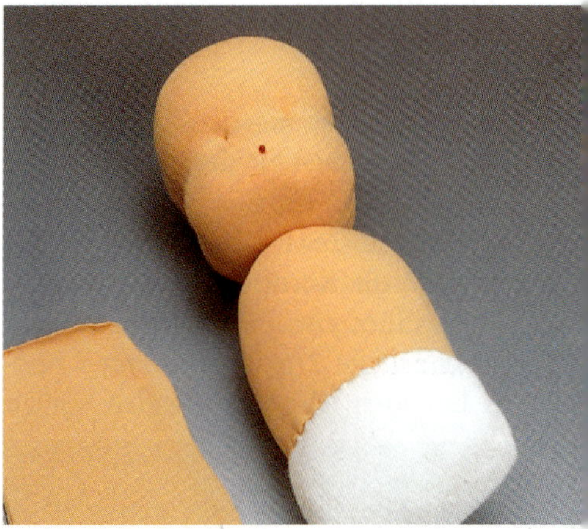

Zum Schluß sollen die Augen markiert werden. Versuchen Sie, ohne Maßband den Augenabstand Ihrer Puppe zu bestimmen, denn jeder Kopf ist ein Unikat. Nehmen Sie den Kopf in Ihre linke Hand, wobei Sie das Gesicht halb umfassen und Ihren Arm weit ausstrekken. Stecken Sie eine farbige Stecknadel in die Augenlinie der linken Gesichtshälfte. Den richtigen Augenabstand finden Sie durch Ausprobieren mit der zweiten Nadel. Wenn die Puppe schielt, ist der Abstand zu klein, ist der Gesichtsausdruck leer, ist er zu weit. Also mutig voran!

Auch die Position des Mundes läßt sich am besten durch Probieren mit einer Nadel bestimmen. Ist sie zu tief gesteckt, schaut die Puppe sehr traurig aus, sitzt die Nadel zu hoch, wirkt sie wie eine Nase.

All dies können Sie nur beurteilen, wenn Sie den Kopf mit ausgestrecktem Arm betrachten.

Um die Augen zu fixieren, fädeln Sie auf eine 12 cm lange Nadel einen doppelten Faden, der am Ende verknotet wird. Beginnen Sie an der rechten Ohrseite, nehmen Sie in Höhe der Augenlinie ca. 1–2 Zentimeter Trikot auf die Nadel, ziehen Sie den Stoff nach rechts und vernähen Sie ihn. Ich würde dies mit einem kleinen Liftvorgang vergleichen. Im Anschluß daran nehmen Sie die rechte Stecknadel zur Hälfte heraus und versuchen mit der langen Nadel von rechts durch den Kopf den Stecknadeleinstich zu treffen.

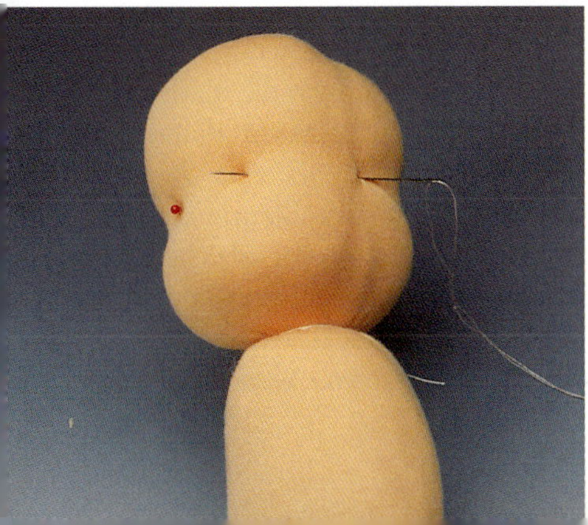

Die Stecknadel wird entfernt und die Nähnadel mit dem Faden herausgezogen. Stechen Sie unmittelbar rechts daneben wieder in den Kopf, treffen Sie oberflächlich die darunterliegende eingeschnürte Kordel, und gleiten Sie zur linken Stecknadel. Stecknadel entfernen und Nähnadel samt Faden herausziehen. Um nun an der linken Ohrseite wieder herauszukommen und zu liften, bedarf es nur noch einer kleinen Wiederholung. Wenn es richtig gemacht ist, sehen Sie zwei tiefer liegende Pünktchen auf der Augenlinie, und die Puppe schaut Sie schon an – auch ohne Bemalung. Es wird ein schöner Moment für Sie sein. Sie haben bis hierher viel geschafft, und diese Arbeit wird sich bei jeder Puppe wiederholen. Es ist ein logischer Aufbau erkennbar. Wenn Sie einen Schritt nicht korrekt erledigt haben, wird Sie der nächste zur Rückbesinnung zwingen.

✦✦✦

Nun möchte ich Ihnen die Herstellung des Körpers Schritt für Schritt erklären. Kopieren Sie vom Vorlagenbogen Körper, Arme und Beine von Knud, und schneiden Sie sie aus.

Vor Ihnen liegt in Schlauchform mit der linken Seite nach außen der Körperstoff. Innen erkennen Sie die senkrecht verlaufenden Maschen, die gleichzeitig die Fadenrichtung anzeigen.

Zeichnen Sie nun laut Schnitt einen Körper, zwei Arme und zwei Beine mit Ihrem Phantomstift auf die linke Stoffseite.

Bitte jetzt noch nicht ausschneiden, sondern Arme und Beine auf der gezeichneten Linie mit der Nähmaschine mit einer Jersey-Nadel und kleiner Geradsticheinstellung steppen. Ebenso steppen Sie auf den Linien rechts und links die Seitennähte des Körpers zu, wobei bei den Sternchenmarkierungen jeweils 0,5 cm ausgespart werden. Aber bitte immer verriegeln, denn durch diese Öffnungen werden später die Scheibengelenke geführt. Die genähten Teile mit 0,5 cm Nahtzugabe ausschneiden. Steppen Sie an der unteren Seite des Körpers vorne und hinten den angezeichneten Abnäher, und schließen Sie mit einer weiteren Naht den unteren Körper.

An der jeweiligen Innenseite von Armen und Beinen einen Schnitt von 2 cm Länge anbringen und durch diesen die Teile auf die rechte Seite drehen. Den Körper ebenfalls durch den offen gelassenen Hals wenden.

Stopfen Sie nun Arme und Beine sehr sorgfältig, griffig und fest mit weißer Watte aus. Die Konturen sollten dabei sichtbar herausgearbeitet werden. Die Gelenkscheiben mit dem kleinen Steg (4,5 cm Durchmesser für Beine und Arme) werden durch die Öffnungen an Armen und Beinen geschoben, der Schnitt wird anschließend mit kleinen Matratzenstichen geschlossen.

Betrachten Sie für einen kurzen Augenblick die leere, nicht gestopfte Körperhülle. An jeder Seite sehen Sie zwei kleine Öffnungen. Schieben Sie auf einer Seite zuerst den Steg für das Bein von außen nach innen durch. Von innen schieben Sie dann die glatte Scheibe darüber und pressen danach die Sicherheitsscheibe bis zum Anschlag über die Rillen des Steges. Anschließend den Arm auf der gleichen Seite befestigen, danach auf der anderen Seite ebenfalls zuerst das Bein und dann den Arm einsetzen. Wenn Sie schon

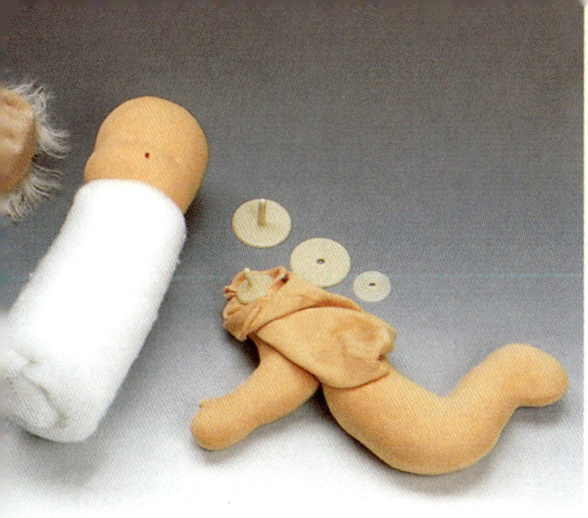

einmal einen Teddybären hergestellt haben, ist Ihnen dieses Stück Arbeit bekannt.

Der untere Teil des Körpers wird nun behutsam mit Watte fest und griffig gestopft, bis die Stege der Beingelenke gerade eben, aber ganz überdeckt sind. Wenden Sie sich jetzt wieder dem Kopf zu. Schneiden Sie vom Vlies einen Streifen, ca. 10 bis 12 cm hoch, und wickeln Sie diesen mehrmals ganz fest um den Rumpf herum. Dabei können Sie das Vlies gar nicht fest genug anziehen, denn die innere Stabilität der Puppe hängt ganz entscheidend davon ab. Wickeln Sie so viele Streifen um den Rumpf, bis dieser die Kopfbreite erreicht hat und das Gebilde wie eine Mumie aussieht (vergleichen Sie Abbildung 1 auf dieser Seite).

Laut Foto ziehen Sie nun die Körperhülle sorgfältig über den Rumpf, wobei etwas Geschicklichkeit erforderlich ist, um an den oberen Stegen der Arme vorbeizukommen. Bevor die Schulternähte mit kleinen Matratzenstichen geschlossen werden, sollten Sie den Schulterbereich mit etwas Watte polstern, um eine bessere Ausformung zu erreichen. Überprüfen Sie, ob der Kopf fest auf dem Rumpf sitzt und nicht schon bei leichter Bewegung zu baumeln beginnt. Andererseits wird der Kopf nicht an den Rumpf angenäht, so daß er mit etwas Feingefühl ein wenig zur Seite gedreht werden kann.

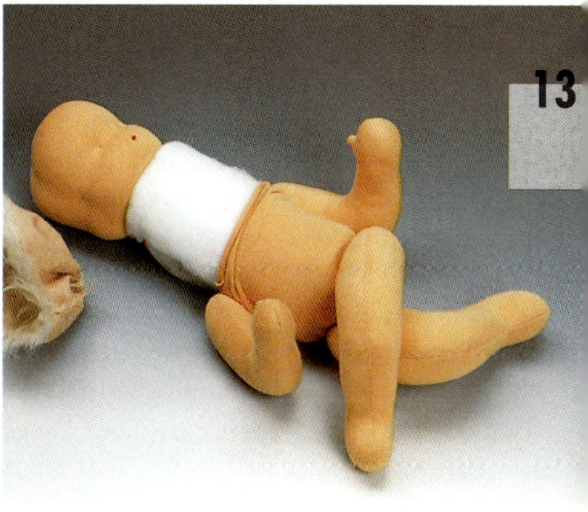

Wenn Sie einen Bauchnabel und eine Pofalte andeuten möchten, dann fädeln Sie in eine lange Nadel einen doppelten Faden ein und verschließen ihn mit einem Knoten. In Nabelhöhe stechen Sie mit der Nadel in den Körperkern ein und kommen unmittelbar daneben wieder heraus. Der Knoten liegt sichtbar auf dem Trikot. Schieben Sie nun die lange Nadel durch den Knoten und durch den Körper, um auf dem Rücken am Ende des Abnähers mit der Nadel

herauszukommen. Sie ziehen den Faden kurz an, legen ihn stramm angezogen über die Naht des Abnähers und vernähen ihn in der unteren Mittelnaht des Körpers. Soll die Puppe auch noch kleine Brustwarzen erhalten, so starten Sie von hier aus mit der Nadel durch den Körper in Höhe der rechten Brust. Führen Sie die Nadel heraus, und sticken Sie einen Knötchenstich, den Sie dann auf der linken Seite wiederholen. Vernähen Sie schließlich den Faden in der Seitennaht.
Eine Frisur fehlt unserem Knud noch. Dazu habe ich ein helles Mohairfell ausgesucht. Daraus läßt sich leicht eine Perücke anfertigen, wenn Sie das Fell, mit dem Florstrich zum Gesicht, wie eine Pudelmütze von links zusammennähen. Allerdings sollte man bei der Plazierung einige Sorgfalt walten lassen, damit es wie ein echter Haarschopf aussieht. Anschließend die Frisur mit kleinen Saumstichen annähen. Zum Schluß sollten Sie noch Ihre Fähigkeiten als Puppenfriseur unter Beweis stellen. Dazu kürzen Sie die Fellhaare auf Kinnhöhe. Die Frisur wirkt schmeichelnd, wenn Sie Ihren Zeigefinger ohne Fellberührung auf die Schulter der Puppe legen können. Schneiden Sie dann mit der Schere senkrecht rundherum einen Zentimeter tief in das Fell hinein. Dadurch verdünnen Sie die Fellspitzen, und nach einem Ausbürsten wirkt die Frisur sehr natürlich und keck.

Ein wesentlicher Schritt liegt hinter Ihnen, aber der schönste folgt nun, die Bemalung des Gesichtes.

Ein kleiner, aber wichtiger Tip:
Malen Sie nie „mal eben zwischendurch". Gönnen Sie sich Ruhe und genügend Zeit, um der Puppe einen lieben Gesichtsausdruck zu verleihen.

Anfängern rate ich, mit dem Phantomstift unter leichtem Druck die Augen und den Mund auf dem Gesicht vorzumalen. Betrachten Sie den Ausdruck aus einer kurzen Entfernung. Gefällt er Ihnen, können Sie sich an die echten Farben heranwagen.
Entscheiden Sie sich zunächst für eine Augenfarbe, wobei die ausgewählte Haarfarbe einbezogen werden sollte. Bei braunen Haaren empfehle ich braune oder gegebenenfalls grüne Augen, zu blondem Haar eignen sich blaue, aber auch braune Augen sehr gut. Wenn Sie sich für eine Farbe entschieden haben, ist es wichtig, daß Sie das Auge und den Lidstrich in der gleichen Farbe malen. Andernfalls wirkt der Gesamteindruck nicht harmonisch.

Die Farbe des Mundes und der Kleidung sind wechselseitig in gewissen Grenzen voneinander abhängig. Wenn Sie die Puppe in zarten Pastelltönen kleiden wollen, empfehle ich ein roséfarbenes Lippenrot, ansonsten Rot für Mund und Mundlinie.
Schütteln Sie vorsichtig das Fläschchen mit der gewählten Farbe, und malen Sie grundsätzlich nur aus dem abgeschraubten Deckel. Beginnen Sie den Malvorgang, indem Sie mit dem Kopf einer Metallstecknadel kurz die Farbe berühren und diesen auf das eingezogene Augenpünktchen drücken.

Das ist für den einen oder anderen eine sehr starke Überwindung, aber wenn man gesehen hat, wie einfach es letztlich ist, schöpft man sehr schnell Mut. Wenden Sie sich nun dem zweiten Auge zu, und tragen Sie auch hier ein Farbpünktchen auf. Im nun folgenden Schritt wird die Technik schon leichter, denn Sie gehen mit der Nadel auf den gleichen Punkt und machen kreisförmige Bewegungen, wobei sich das Auge automatisch vergrößert. Und nun im Wechsel, mal linkes Auge, mal rechtes Auge. Zwischendurch immer mit ausgestrecktem Arm den Kopf betrachten, bis die proportional richtige Augengröße erreicht ist. In Zweifelsfällen ist es ratsam, sich für kleinere Augen zu entscheiden. Wenn sie zu groß werden, können sie leicht starr wirken.

Wenn hier und da eine Ecke den Augenkreis stören sollte, gehen Sie mit der Spitze Ihrer Stecknadel auf die Ecke und ziehen damit den feuchten Trikot in den gewünschten Kreis hinein. Man ist jedesmal überrascht, was man bereits mit dieser kleinen Korrektur bewirken kann.

Sind die Augen trotz aller Konzentration doch zu groß geworden, ist dies auch noch kein Grund zur Aufregung. Wiederholen Sie einfach den auf Seite 11 beschriebenen Liftvorgang, und ziehen Sie mit Nadel und Faden die Augenpünktchen neu ein. Dadurch wird der Trikot wieder mit in die Augenlinie gezogen, die Augen erscheinen kleiner, und der Malvorgang kann weiter fortgesetzt werden.

Wenn Ihnen die Kulleraugen gefallen, sollten diese unbedingt etwas antrocknen, bevor Sie den Lidstrich malen.

In der Zwischenzeit wenden wir uns dem bereits markierten Mund zu.

Nehmen Sie die rote Stecknadel aus dem Gewebe heraus, und drücken Sie mit dem Stecknadelkopf und roter Farbe einen Punkt auf den Einstich. Es folgen wie bei den Augen kreisförmige, größer werdende Bewegungen. Vorsicht, der Mund ist höchstens ein Drittel so groß wie das Auge. Eventuelle kleine Korrekturen wie eben beschrieben vornehmen. Auch hier wieder den Farbpunkt kurz antrocknen lassen und erst dann die Mundlinie herausziehen. Auf feuchtem Gewebe besteht nämlich die Gefahr, daß die Farbe sehr schnell zu einem breiten, unschönen Strich ausläuft.

Nun zurück zu den Augen. Wie bereits erwähnt gilt es, die jeweils gewählte Augenfarbe auch für den Lidstrich zu verwenden. Stellen Sie sich das kreisrunde Kulleraug zwischen drei waagerechten Linien vor, d.h. einer Grund-, einer Mittel- und einer Oberlinie.

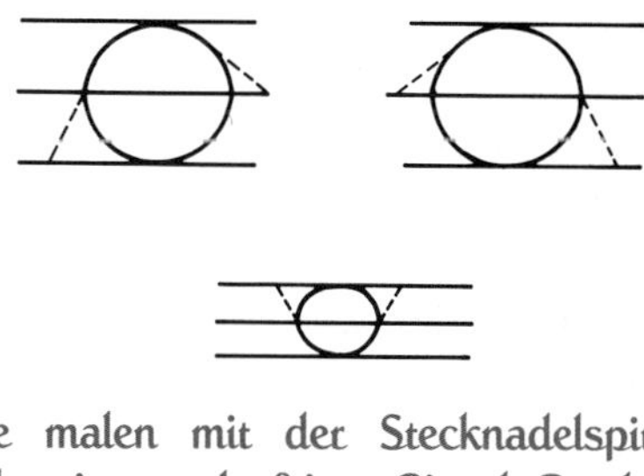

Sie malen mit der Stecknadelspitze oder einem sehr feinen Pinsel. Der kurze Anstrich beginnt innen am rechten Auge bzw. auf der gedachten Mittellinie und verläuft schräg nach oben zu der angenommenen Oberlinie. Von der gedachten äußeren Mittellinie dann einen kleinen, eng anliegenden, schrägen Strich zur gedachten Grundlinie ziehen.

Der obere Rand der Iris sollte anschließend etwas abgerundet werden, da auf diese Weise ein weicher, lieblicher Ausdruck erzielt wird. Kleinere Korrekturen wieder mit der Nadelspitze im feuchten Gewebe durch Hin- und Herbewegen vornehmen.
Den gleichen Vorgang am linken Auge wiederholen. Wenn Sie möchten, so können Sie rechts und links in die Augenwinkel einen Tupfer weißer Farbe setzen. Dies muß jedoch nicht unbedingt sein.

Nun können Sie sich schon mit mehr Selbstvertrauen an das weitere Aufmalen des Mundes heranwagen. Der Mund ist für den gesamten Gesichtsausdruck sehr wichtig. Ob die Puppe lächelt oder traurig ausschaut, hängt vornehmlich von der Form, der Position und der Größe des Mundes ab.
Wie bei den Augen, so stellen Sie sich auch den Mund zwischen drei gedachten Linien vor. Von der Mittellinie malen Sie beidseitig die Mundlinien schräg zur gedachten Oberlinie, was ein Lächeln auf das Gesicht Ihrer Puppe zaubert. Wenn Sie die Mundlinien waagerecht auf der gedachten Mittellinie malen, bleibt der Ausdruck neutral, ist aber ebenfalls sehr schön.

Was wäre ein freundliches Puppenkind ohne rote Bäckchen? Hierzu trägt man ein wenig Lippenstift auf den linken Handrücken auf und verteilt ihn dort großflächig. Mit dem rechten Zeigefinger verstreicht man ihn vorsichtig und gleichmäßig im Maschenverlauf auf den Bäckchen, bis sie rosig erscheinen.

Nach all diesen Schritten haben Sie es geschafft, eine von Grund auf selbstgemachte Puppe in den Händen zu halten, ein Erfolgserlebnis, das sehr glücklich machen kann. Nicht selten hat man das Bedürfnis, dieses Glücksgefühl unverzüglich mit einem lieben Menschen zu teilen und das vollendete Werk vorzustellen. Oder mehr noch: es liegt nahe, liebgewonnene Menschen mit einem persönlichen Puppengeschenk zu besonderen Anlässen zu erfreuen. Um dem nachzukommen, stelle ich Ihnen nach einigen Tips zur Garderobe in den folgenden Kapiteln Geschenkideen zu ausgewählten Anlässen vor.

Maß- und Materialangaben zu allen im Buch aufgeführten Puppen (ohne Bekleidung)

Puppe	Kopf-umfang	Kopf-höhe	Vliesstreifen (geteilt verarbeiten)	Kopfkern (ungeteiltes Vlies)	Schlauch-verband	Gesichts-trikot	Körper-trikot	Abbinde-kordel	Scheiben-gelenke
Knud, Christoph, Corinna, Nikolaus, Sandmann (Ballon)	25 cm	10 cm	4 Streifen à 4,5 cm x 60 cm	6 cm breit	Tg 6; 60 cm lang	23 cm breit 20 cm hoch	Stoffbr. 140 cm; 25 cm hoch	3 m	Arme: 4,5 cm Beine: 4,5 cm
Holger, Verena	23 cm	9 cm	4 Streifen à 4 cm x 55 cm	5,5 cm breit	Tg 6; 55 cm lang	21 cm breit 20 cm hoch	Stoffbr. 140 cm; 25 cm hoch	3 m	Arme: 3 cm Beine: 4,5 cm
Kasper, Prinzessin	23 cm	9 cm	4 Streifen à 4 cm x 70 cm	Leerrohr, 8 cm hoch	Tg 3; 40 cm lang	20 cm breit 20 cm hoch	Handpuppe	3 m	–
Hans im Glück, Sandmann auf Mond	15 cm	6 cm	4 Streifen à 2,5 cm x 35 cm	3,5 cm breit	Tg 3; 35 cm lang	13 cm breit 20 cm hoch	Stoffbr.70 cm; 20 cm hoch	3 m	Arme: 2 cm; Beine: 3 cm
Spieluhr Sandmann, Himpelchen und Pimpelchen	15 cm	6 cm	4 Streifen à 2,5 cm x 35 cm	3,5 cm breit	Tg 3; 35 cm lang	13 cm breit 20 cm hoch	Stoffkörper	3 m	–
Lena	17 cm	7 cm	4 Streifen à 3 cm x 40 cm	4 cm breit	Tg 3; 40 cm lang	15 cm breit 20 cm hoch	Stoffkörper	3 m	–
Susi	20 cm	8 cm	4 Streifen à 3,5 cm x 50 cm	4,5 cm breit	Tg 3; 50 cm lang	18 cm breit 20 cm hoch	Stoffkörper	3 m	–
Sascha	25 cm	10 cm	4 Streifen à 4,5 cm x 60 cm	6 cm breit	Tg 6; 60 cm lang	23 cm breit 20 cm hoch	Stoffkörper	3 m	–
Peppino	35 cm	14 cm	4 Streifen à 6,5 cm x 35 cm	8,5 cm breit	Tg 6; 85 cm lang	33 cm breit 35 cm hoch	Wäschesack	3 m	–
Annabell	33 cm	13 cm	4 Streifen à 6 cm x 85 cm	8 cm breit	Tg 6; 85 cm lang	31 cm breit 35 cm hoch	Stoffbr. 140 cm; 20 cm hoch	3 m	Arme: 5,5 cm Beine: 5,5 cm
Zwerg	20 cm	8 cm	4 Streifen à 3,5 cm x 50 cm	4,5 cm breit	Tg 3; 50 cm lang	18 cm breit 20 cm hoch	Stoffbr. 70 cm; 20 cm hoch	3 m	–
Schultüte	28 cm	11 cm	4 Streifen à 6 cm x 80 cm	Rundstab, 1 cm ø	Tg 6; 50 cm lang	26 cm breit 35 cm hoch	Schultüte	3 m	–

Tips zur Garderobe

✗ Bei der Kleidung für unsere Puppen empfehle ich, nach einer guten Stoffqualität Ausschau zu halten. Dabei sollten Sie auch darauf achten, daß die Farbe des Stoffes mit der jeweiligen Augen- und Haarfarbe harmonisch übereinstimmt.

✗ Ein ideales und leicht zu variierendes Grundmuster – auch für Ungeübte – ist der sogenannte Raglan-Schnitt. Wenn Sie sich die Bilder vom kleinen Sandmann auf dem Mond oder im Fesselballon, Hans im Glück, dem Zwerg oder dem Nikolaus näher anschauen, werden Sie bemerken, daß die Garderobe dieser Puppen auf diesem Schnitt basiert.

Sie können ihn durch verkleinerndes oder vergrößerndes Kopieren an unterschiedliche Puppengrößen anpassen und je nach Beschaffenheit des gewählten Stoffes verschiedenste Kleidungsstücke hervorzaubern. Ideen, wie man diesen Schnitt verändern könnte, kommen dann von alleine! Wenn Sie ihn z.B. verlängern und nach unten hin breiter schneiden, haben Sie schon ein Kleid oder ein Nachthemd. Ein Bademantel oder eine Jacke entstehen, wenn Sie das Vorderteil durchschneiden. Gehen Sie bei jeder neuen Kreation immer wieder auf den Raglan-Schnitt zurück, denn er wird Ihnen schnell vertraut sein, so daß Sie darauf sehr leicht aufbauen können.

✗ Ein weiterer Schnitt ist das Passenteil, aus dem ein Hängerkleid entsteht. Schneiden Sie aus Küchenkrepp einen rechteckigen Streifen, dessen Weite Sie selbst bestimmen, und drapieren Sie ihn als Rock an. Ebenfalls den eingesetzten Ärmel aus Küchenkrepp zuschneiden und auf Weite und Länge kontrollieren.

Sie können diesen Schnitt mit Hilfe von Küchenkrepp leicht verändern. Wenn Sie Rockweite und Länge aus Küchenkrepp, angefangen von der Passe bis zu den Füßen, um die Puppe drapieren und unten ein Dreieck zum Schritt einschneiden, haben Sie einen Anzug, wie Annabell, Christoph und Knud ihn tragen.

✗ Möchten Sie eine Schürze anfertigen, so verfahren Sie wieder nach dem gleichen Schema, also mit Küchenkrepp. Rockweite und Passe probieren, die Ärmel dabei weglassen.

✗ Zur Verzierung nähen Sie z.B. ein kleines Stehbord, eine Rüsche oder einen Matrosen- bzw. Bubikragen an den Hals oder verschönern den Rocksaum mit einer kleinen Rüsche (1,5 x die Rockweite). Eine weitere Idee ist die Verlängerung der Passe bis zur Taille und die Ausschmückung der Seiten mit kleinen Satinschleifen, wie bei Corinna zu sehen.

✦ ✦ ✦

Ihnen wird es bei der Arbeit sicherlich nicht an Ideen mangeln – versuchen Sie unter Einsatz von Küchenkrepp, immer wieder neue Dessins zu entwerfen und durch die Wahl eines schönen Stoffes sowie mittels kleiner Verzierungen die Ausstrahlung der Puppe voll zur Geltung zu bringen!

Viele weitere Tips zur Garderobe finden Sie bei der Beschreibung meiner Modelle.

Zur Geburt

- Sandmann auf dem Mond
- Spieluhr Sandmann
- Wuschelkinder
- Wäschesack Peppino

Zu diesem freudigen Ereignis bieten sich gleich mehrere Geschenkideen an. Ein Wiegenlied von den bekannten Komponisten Mozart, Brahms oder Schubert hat schon so manchen kleinen Zuhörer entzückt und sanft in den Schlaf gleiten lassen.

Gerrit, fünf Wochen, im Kinderwagen

Dies bewegt mich dazu, Ihnen einen Mond mit eingebauter Spieluhr und einer abnehmbaren Puppe in Gestalt eines Sandmannes vorzustellen. Der Kopfumfang beträgt hier 15 cm. Da die Grundausstattung an Material bei allen Puppen gleich ist, beschränke ich mich darauf, nur die zusätzlich benötigten Bestandteile aufzuführen.
Für Mond und Sandmann besorgen Sie sich einen zur Einrichtung des Zimmers farblich passenden Baumwoll- oder Nickistoff von 45 cm Höhe bei mindestens 90 cm Breite. Wenn der Sandmann farblich abgesetzt werden soll, sind weitere 25 cm Stoff erforderlich. Nicht zuletzt benötigen Sie eine schöne Spieluhr sowie eine farblich abgestimmte Kordel zum Aufhängen des Mondes. Den Schnitt für den Mond wie auch die Grundschnitte für Kleidung und Körper des Sandmannes finden Sie auf dem Vorlagenbogen.
Die für den Sandmann angegebenen Maße gelten auch für Hans im Glück, der auf dem Gruppenphoto Seite 23 links neben dem Schaukelpferd zu sehen ist. Lediglich die Frisur wird aus Pelzwolle gehäkelt. Die Anleitung hierfür finden Sie bei dem Wuschelkind Lena (Seite 24).

✦ ✦ ✦

Ein weiteres Modell zur Geburt ist das **Sandmännchen mit einer eingebauten Spieluhr** und mit einem Kopfumfang von ebenfalls 15 cm.
Außer einer melodischen Spieluhr benötigen Sie hierfür 35 cm Baumwollstoff, weißen Fellplüsch als Besatz und eine kleine Glocke für die Zipfelmütze.
Entsprechend dem Schnitt aus dem

Vorlagenbogen legen Sie die beiden ausgeschnittenen Stoffdreiecke rechts auf rechts aufeinander und nähen nur die beiden Seitenteile des Dreiecks zusammen. Anschließend den Stoff so übereinanderlegen, daß die beiden Seitennähte vorne und hinten in der Mitte liegen. Jetzt erst die untere Naht schließen. Wie im Schnitt angegeben, auf einer Seite den Stoff einschneiden und das Dreieck auf die rechte Seite wenden.

Den vorbereiteten Kopf zur Hand nehmen und die Spieluhr in den herunterhängenden Schlauchverband einarbeiten. Dieses komplette Teil wird nun durch die Öffnung des Dreiecks geschoben, und zwar so weit, daß die schon mit Watte ausgestopfte Dreieckspitze als Zipfelmütze erkennbar ist. Das Kordelende der Spieluhr mit einer Stopfnadel an der Unterseite nach außen führen. Nun beginnt für Sie der kreative Teil der Arbeit. Durch die relativ kleine Öffnung am Hals stopfen Sie den unteren Teil des Dreieckskörpers mit Watte aus.

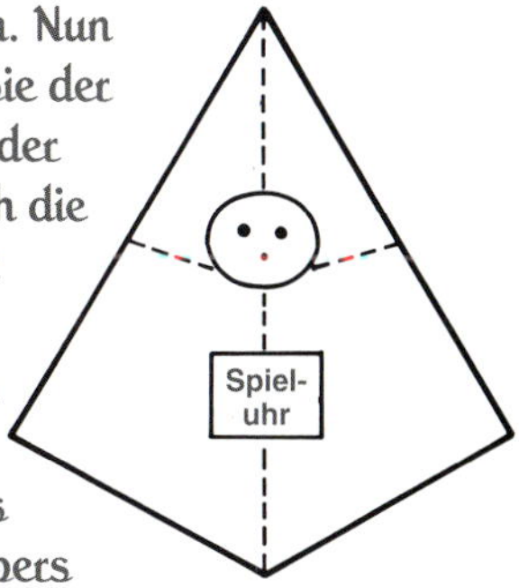

Das Gesicht lassen Sie ein wenig aus der Zipfelmütze nach vorne herausschauen und nähen die Mütze mit kleinen Saumstichen rund um das Gesicht herum an. Unmittelbar unter dem Kopf einen festen Kräuselfaden einziehen und verknoten. Wenn Sie den Sandmann adrett mit einem kleinen Spitzenkragen und einem schmalen Fellstreifen anstelle von Haaren herausputzen, könnten Sie hier bereits die Arbeit beenden. Allerdings liegt bis jetzt eine Art Karikatur eines Sandmannes vor, da ja Arme und Beine fehlen. Diesem Umstand können Sie leicht abhelfen, indem Sie von Hand durch den gestopften Körper die Arme abnähen. Hände und Füße können Sie den Vorlagen für den kleinen Zwerg entnehmen und nach Anfertigung mit kleinen Matratzenstichen von außen annähen. Abschließend wird der Fellbesatz dekorativ von Hand aufgenäht.

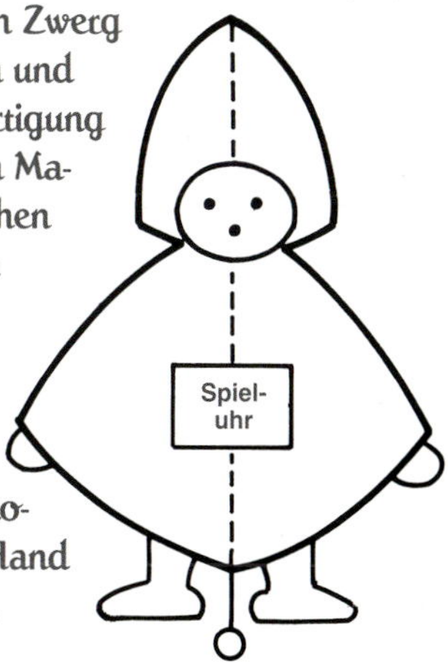

Ich möchte
gerne dein
Freund sein ...

Wuschelkinder

Lena im Muff, Susi und Sascha

Die kleinen Wuschelkinder, hier in drei verschiedenen Größen präsentiert, sind immer wieder beliebte Geschenke zur Geburt. Die Stoffkörper sind aus einem weichen Material wie Nickiplüsch oder Babycord gefertigt und laden die Kleinen so richtig zum Kuscheln ein. Lena ist mit einem Kopfumfang von 17 cm das „Nesthäkchen" der Wuschelfamilie. Als Besonderheit hat sie einen passenden Schlafsack bekommen, der dem Kleinkind später als Muff die kleinen Hände wärmen kann.

Für Lenas Körper und für den Muff benötigen Sie 30 cm Nickiplüsch sowie 30 cm passenden Baumwollstoff mit 140 cm Breite. Für den Muff sind überdies 30 cm Wattevlies und eine passende Baumwollkordel erforderlich.

Den Körper nähen Sie laut Schnitt vom Vorlagenbogen. Dazu ein kleiner Tip für das Nähen von Nickistoff: In diesem Fall legen Sie den Nicki rechts auf rechts, zeichnen den Körperschnitt auf die linke Seite und schneiden noch nicht aus, sondern steppen auf der

Mallinie. Anschließend die Teile mit 0,5 cm Nahtzugabe ausschneiden. Füße und Hände wieder proportional anfertigen und mit Watte ausfüllen. Den genähten Nickikörper nun auf rechts drehen und nacheinander Beine und Arme an den offenen Enden einkräuseln, dabei gleichzeitig die kleinen Hände und Füße zwischen die Kräuselstelle nehmen und festnähen. Nun können Sie Beine und Arme schön griffig weich mit Watte stopfen. In der Achselhöhle und in der Leiste wenig oder gar nichts stopfen, damit sich die Gliedmaßen gut bewegen lassen.

Kopf und Rumpf werden als eine Einheit durch den offenen Hals in das leere Oberteil geschoben und am Hals rundherum angenäht.

Häkeln Sie für Lena aus einer Schlingenwolle (Loopwolle) eine kleine Lokkenperücke. Sie beginnen mit drei Luftmaschen (Häkelnadel 4), schließen diese zum Kreis und häkeln weiter feste Maschen. Nehmen Sie an Lenas Hinterkopf Maß. Sobald der Kreis größer wird, überschlagen Sie ab und zu eine Masche und häkeln weiter – ähnlich einer Mütze – eine Perücke. Diese nähen Sie rundherum auf dem Kopf fest. Achten Sie darauf, daß die Frisur einen natürlichen Eindruck erhält. Wenn Sie rechts und links auf dem Kopf kleine Wollfäden einziehen, lassen sich freche Lockenschwänzchen abbinden. Am Hinterkopf durchgezogene Fäden lassen einen Pferdeschwanz erkennen.

Lassen Sie Ihrer Kreativität freien Lauf – Sie werden sehen, daß bereits kleine Veränderungen eine sehr große Wirkung haben können!

Nähen Sie nun die kleine Jacke mit Hilfe des Schnittes auf dem Vorlagenbogen.
Für den Muff schneiden Sie jeweils 30 cm x 70 cm Nicki, Baumwollstoff und ganz dünnes Vlies oder Molton zu. Dabei werden die Stoffe rechts auf rechts gelegt, das Vlies wird daruntergeschoben. Jetzt steppen Sie rundherum und lassen eine kleine Öffnung zum späteren Wenden. Das geschlossene, 30 cm breite Ende doppelt aufeinanderlegen und steppen. Jetzt können Sie durch die kleine Öffnung alles auf die rechte Seite wenden und von Hand schließen.
Der Muff verfügt somit über eine Kapuze für Lena, und wenn Sie nun das Ende nach oben hin umschlagen und mit einer Kordel zusammenbinden, erhält sie einen Schlafsack, in den das Kleinkind die Hände seitlich zum Wärmen hineinstecken kann (siehe auch Abbildung Seite 1!). Es handelt sich also um ein rundherum praktisches und stets willkommenes Geschenk.

✦ ✦ ✦

Susi (vor dem Schaukelpferd) und Sascha (im Schaukelpferd) unterscheiden sich von Lena nur in der Größe und in den Frisuren. Susis Kopfumfang beträgt 20 cm, bei Sascha sind es 25 cm Umfang. Die Schnitte für die Stoffkörper finden Sie auf dem Vorlagenbogen.
Die Perücken werden wie bei Knud für Susi aus Mohairfell und für Sascha aus gelocktem Ziegenfell hergestellt.

Zum Thema „Geschenke zur Geburt“ möchte ich Ihnen noch ein weiteres, etwas aufwendigeres Modell vorstellen, den **Wäschesack Peppino**.
Er bereichert das Kinderzimmer auf ganz besondere Weise und dankt es als treuer Diener, wenn man ihn mit kleinen Wäschestücken füllt. Peppino hat einen Kopfumfang von 35 cm. Seine Perücke wird gemäß Schnitt aus echtem Lammfell gefertigt und auf dem Kopf mit Puppenkleber befestigt, das Gesicht wird mit einer kleinen Knollennase versehen. Sie benötigen also nur noch eine Anleitung zur Herstellung der Nase.
Legen Sie ein Fünfmarkstück auf den Gesichtsstoff, und malen Sie mit dem Phantomstift einen Kreis auf. Auf der gemalten Linie einen Kräuselfaden einziehen und die Wölbung mit Watte ausfüllen. Mit einer minimalen Nahtzugabe ausschneiden, die dann nach innen zur Watte eingeschlagen wird. Nun fest zusammenziehen. Somit entsteht ein schöner, runder Pompon.
Mit kleinen Matratzenstichen die Knollennase auf dem fertigen Gesicht rundherum annähen und darauf achten, daß der Maschenverlauf senkrecht steht.
Im Vorlagenbogen finden Sie für Peppino einen Schulterschnitt, den Sie aus Körperstoff anfertigen und mit Watte sehr, sehr fest ausstopfen. Er sieht nun wie ein Kleiderbügel aus. In der Mitte oben den Kopf von Peppino befestigen. Wenn Sie den Schlauchverband und den Gesichtsstoff rechts und links einschneiden, können Sie Polypenarme, Schlauchverband und Gesichtsstoff stramm anziehen und unter dem

Kleiderbügel befestigen. Kopf und Bügel sollten eine Einheit bilden.
Sie können nun anhand des Schnittes Bluse und Hose nähen.
Die ausgestopften Hände und Füße werden wie bei den Wuschelpuppen eingenäht. Die fertige Bluse mit den eingenähten Händen ziehen Sie so über den Kleiderbügel, daß sie nach hinten hin offen bleibt. Hier werden dann die Wäscheteile hineingesteckt. Nun wird die Hose mit den eingenähten Füßen mittels Hosenträger über die Bluse angezogen. Die Kleidung Peppinos sollte also lose auf dem Kleiderbügel liegen, damit sie jederzeit zur Wäsche abgenommen werden kann. Mit einer Kordel wird Peppino an der Wand befestigt.
Accessoires, wie z.B. ein schöner weißer Kragen mit großer Fliege, dekorative Hosenknöpfe, Clownschuhe, ein kecker Hut und ein Musikinstrument entfalten Peppino schließlich zu einem wahren Prachtstück, das sicherlich in jedem Kinderzimmer begeistert aufgenommen wird.

Wenn du mich
fütterst,
werde ich
groß und
stark!

Ein Geschwisterkind kommt zur Welt

Natürlich bleiben die im letzten Kapitel erwähnten Geschenke auch hier aktuell und sinnvoll. Aber es bedarf einer Ergänzung, denn bei den Vorbereitungen auf das freudige Ereignis sollte das ältere Kind mit einbezogen werden.
Man erwartet nämlich später von ihm Toleranz, wenn sich der Besuch zuerst entzückt dem kleinen Baby zuwendet und dann erst das ältere Kind begrüßt. Man erwartet ebenfalls, daß es sich zu bestimmten Zeiten ruhig verhält und die Liebe der Eltern und alle anderen Dinge zu teilen bereit ist.

Jannik mit Puppe Annabell

Zu diesem Thema stelle ich nun eine Babypuppe mit Namen Annabell vor. Sie hat die stattliche Länge von 50 cm, einen Kopfumfang von 33 cm und Scheibengelenke an Armen und Beinen. Das Kind sollte die Entstehung der Puppe durchaus miterleben, denn es wird sich besonders dann freuen, wenn es ihr auch noch die erste eigene Babyausrüstung anziehen kann. So wächst die Erwartung, und nicht selten geht später ein Lächeln über das Gesicht der Mutter, wenn das Anlegen von Höschenwindeln parallel verläuft.

Die Herstellung von Annabell ist identisch mit der Anfertigung von Knud. Den Körperschnitt entnehmen Sie wie immer dem Vorlagenbogen.

Im Fachhandel findet man Echthaar- oder Mohairperücken, oder man fertigt sie selbst aus Fell an, wie es bei Knud schon beschrieben ist. Für die Auswahl der Kleidung könnte man den „Rat" des Geschwisterkindes hinzuziehen.

Darf es eine
Gute-Nacht-Geschichte
sein?

Ich freue mich,
daß du da bist ...

Das Spielalter

Zu diesem Thema läßt sich ein ganz neues Feld eröffnen, nämlich die Herstellung von **Kasperlefiguren.** An dieser Stelle sind Ihrer Kreativität keine Grenzen gesetzt.

Zwei Prototypen, Kasper und Prinzessin, möchte ich Ihnen vorstellen. Der Fachhandel führt bereits Fingereinsätze für Kasperlepuppen. Ich habe mir ein Leerrohr aus Karton angefertigt oder ein solches beim Installateur besorgt (Maß: Durchmesser 3 cm, Höhe 8 cm). Am Ende dieses Rohres lassen Sie 1 cm für den Hals frei. Den Rest bestreichen Sie dünn mit Puppenkleber und kleben den ersten Vliesstreifen von 4 cm Breite und ca. 40 cm Länge im Verlauf wie eine Acht um das Rohr herum an, so daß sich später der Kopf nicht von dem Rohr abheben läßt. Weitere Vliesstreifen wie zu einem Ball aufwickeln, bis zu einem Kopfumfang von 23 cm. Darüber den Schlauchverband stülpen und wie gewohnt die Augen- und Kinnlinie einschnüren. Direkt darunter wieder abbinden.

Den Gesichtsstoff wie beschrieben festnähen. Am Rohrende den Schlauchverband und den Gesichtsstoff kürzen, so daß Sie sie ungefähr 1 cm in das Innere des Rohres kleben können. Unterhalb der Kinnlinie wieder abbinden und mit ein paar Stichen anheften, weil sonst die Kordel auf dem relativ kurzen Halsstück gerne verrutscht.

Seid Ihr alle da?

Auf dem Vorlagenbogen finden Sie einen Grundschnitt für Kasperfiguren, dessen Höhe ca. 25 cm beträgt. Die Hände werden hohl in die Armöffnung genäht, damit Sie selbst Ihre Finger zum Spielen hineinstecken können. Die Kleiderhülle nähen Sie nun rundherum am Hals fest an.

Bei den männlichen Spieltypen, hier z.B. beim Kasper, nähen Sie die Beine in der Größe passend zum Kopfumfang, stopfen sie und nähen sie an den vorderen Saum an.

Dieser Grundschnitt läßt sich durch verschiedene Ac-

Fabian, 4 Jahre.

cessoires nach Ihrer Phantasie entsprechend verändern.
Bei diesen Handpuppen habe ich schwarze Steckaugen (10 mm Durchmesser) wegen ihrer Leuchtkraft benutzt. Man muß sich ein wenig überwinden und mit einer kleinen spitzen Schere ein Loch auf den markierten Augenpunkt bohren, mit Puppenkleber versehen und den Steg des Auges fest hineindrücken und ankleben. Zum Schluß dann kleine Lidstriche wie beschrieben malen.
Die Nase der Prinzessin fertigen Sie genauso wie bei Clown Peppino, nur kleiner, mit einem Zehnpfennigstück. Die Nase für den Kasper ist aus einem mit Watte gefüllten Stoffdreieck geformt, wobei die Spitze, etwas nach oben gebogen, den Vorwitz der Figur zum Ausdruck bringen soll. Für Kaspers Frisur habe ich Pelzwolle gewählt und, wie bereits bei Lena beschrieben, zu einer Perücke verhäkelt.
Die Locken der Prinzessin sind im Fachhandel unter der Bezeichnung „Curlylocken" zu kaufen. Mit ein wenig Geschick und Phantasie lassen sie sich zu einer prachtvollen Perücke auf dem Kopf fest aufnähen.
Diese pädagogisch wertvollen Spielpuppen sollten eigentlich in keinem Kinderzimmer fehlen und können um viele weitere Charaktere ergänzt werden. Es wird jedesmal eine Freude sein, wenn die bekannten Typen wie Polizist, Hexe, Zauberer, König und Königin ihren neuen Platz in dem von Ihnen geschaffenen Puppenreigen gefunden haben.

Ein Spaziergang
zu dritt

Holger und Verena

(siehe auch Titelbild)

sind ein Puppenpärchen, mit dem man nicht nur Kindern, sondern auch „ausgewachsenen“ Puppensammlern eine große Freude machen kann. Mit einer kleinen Dekoration läßt sich eine romantische Idylle nachvollziehen. Aber Puppenfans fällt es ohnehin nicht schwer, ihre Lieblinge ins rechte Licht zu rücken. Für die Kinder im Spielalter sind sie interessant, weil das Bekleiden eine reizvolle Tätigkeit ist und auch die Entwicklung eines natürlichen Farbempfindens fördert.

Der Kopfumfang der beiden Puppen beträgt 23 cm, den passenden Körperschnitt entnehmen Sie dem Vorlagenbogen.

✦ ✦ ✦

Für das Erscheinungsbild der beiden Puppen sind die Frisuren von erheblicher Bedeutung und sollen deshalb etwas ausführlicher beschrieben werden. Beginnen wir mit Verena.

Für ihre Frisur habe ich Mohairwolle in Wollweiß ausgesucht. Fädeln Sie davon einen nicht zu kurzen Faden in eine spitze Sticknadel der Stärke 16 ein, und verknoten Sie die beiden Enden miteinander.

Zeichnen Sie nun mit dem Phantomstift die Konturen einer kurzen Pagenfrisur auf Verenas Kopf.

Beginnen Sie den Stickvorgang auf der Mitte des Kopfes, und führen Sie die Nadel an der gezeichneten Linie über dem linken Auge aus dem Kopf heraus. Legen Sie anschließend den (doppelten) Wollfaden diagonal über den Kopf in den rechten Nackenbereich. Nach einem Einstich nun waagerecht die Nadel zum linken Nackenteil wieder aus dem Kopf herausführen. Von dort aus diagonal zum rechten Auge den Wollfaden spannen, so daß sich die Fäden am Hinterkopf kreuzen. Nach einem kurzen Einstich nun die Nadel am rechten Ohr herausführen. Auf dem Weg zum linken Ohr den schon vorhandenen Kreuzungspunkt kurz am Kopf fixieren, damit die Frisur auch hinreichend fest aufsitzt.

Sie haben bereits ein sternförmiges Gerüst auf dem Kopf gespannt. Jetzt gilt es nur noch, die vorgefertigten Dreiecke diagonal und sehr dicht auszusticken. Die Puppe benötigt dann noch einen Pony. Sticken Sie dazu in Höhe der linken Schläfe mit doppeltem Wollfaden eine kleine Schlaufe, und befestigen Sie diese mit einem Durchstich in der Mitte der Schlaufe. Wenn sie diesen anziehen, entsteht automatisch ein fester Knoten. Diesen Vorgang wiederholen Sie bei eng anliegenden Schlaufen bis zur rechten Schläfe. Danach ziehen Sie die kleinen Schlaufen nach oben und unten auseinander, so daß niedliche kleine Löckchen zu erkennen sind. Sie können die Schlaufen auch aufschneiden und den Pony mit Hilfe einer Bürste in eine hübsche Form bringen.

Im Folgenden erläutere ich Ihnen die weitere Gestaltung dieser Grundfrisur zu einer Zopfperücke, wie sie Verena trägt.

Dazu heißt es zunächst wieder Maß nehmen, indem Sie den Wollfaden am linken Oberschenkel der Puppe anlegen und nach oben über den Kopf bis zum rechten Oberschenkel führen. Schneiden Sie ihn nicht vom Knäuel ab, sondern klemmen Sie ihn in der Mitte unter das Nähmaschinenfüßchen ein. Legen Sie die Wolle dem vorhandenen Maß folgend in engen Abständen von rechts nach links und wieder von links nach rechts vor sich hin, und steppen Sie einen sogenannten Mittelscheitel. Dieser sollte vom Ponyansatz bis zum Nacken reichen. Diese gesteppte Mittelscheitellinie nähen Sie mit Nähseide auf den Kopf auf, so daß rechts und links die Wollfäden herunterhängen. Mit etwas Geschick in Ohrhöhe nun zusammenbinden und fest am Kopf fixieren. Nun können Sie Zöpfe flechten, daraus eine Schneckenfrisur drehen, eine Affenschaukel legen, oder, wie bei Verena, die Zöpfe nach außen legen und oben am Kopf mit einer kleinen Zierschleife anheften. Durch diese niedliche Frisur, die zweifellos Charme und Anmut verleiht, haben Sie einen weiteren Puppentyp geschaffen.

Für die Perücke von Holger habe ich ebenfalls Mohairwolle gewählt und als Werkzeug eine Häkelnadel Nr. 3,5 verwendet.

Beginnen Sie mit zwei Luftmaschen, wobei die erste Masche gleich als Schlinge wieder auf die Nadel genommen wird. Sie haben nun zwei Schlingen auf Ihrer Häkelnadel in der rechten Hand. In der linken Hand läuft der Wollfaden über den weit gespreizten Zeigefinger in das Handinnere und endet im Wollknäuel. Nehmen Sie mit der Häkelnadel den linken Wollfaden, und ziehen Sie diesen kurz durch die erste Masche auf der Nadel. Lassen Sie die so entstandene größere Schlinge herunterhängen. Erneut den laufenden Wollfaden als eine feste Masche durchziehen. Sie haben jetzt eine feste Masche auf der Nadel, und eine lange Schlaufe hängt herunter.

Nehmen Sie jetzt wieder eine Schlinge aus der vorhergehenden Masche auf. Sie haben nun zwei Maschen auf der Nadel, und der Häkelvorgang beginnt von neuem. Bei dieser Arbeit werden Sie die Schlingen sehr schnell als eine spätere Frisur erkennen. Beginnend am Hinterkopf häkeln Sie dabei immer rund, bis eine enganliegende Mütze für Holger entstanden ist. Die letzte Maschenreihe schlagen Sie nach innen ein und nähen diese Mütze wie eine Perücke rundherum auf den Kopf. Die Schlingen werden anschließend aufgeschnitten und zu einer Frisur gekürzt.

Wie war es doch vordem mit den
Heinzelmännchen so bequem ...

Ein Zwerg sollte in einem Puppenreigen auch nicht fehlen. Diese Figur ist den Kindern aus Märchen und aus Fingerspielen als Himpelchen und Pimpelchen bekannt. Der Zwerg hat im Gegensatz zu den bisher vorgestellten Puppen einen anderen Körperschnitt. Er verfügt nicht über Scheibengelenke an Armen und Beinen und dient somit gleichzeitig als Prototyp für diese Machart.

✦ ✦ ✦

Der Kopf wird wie bei allen anderen Puppen hergestellt. Als besonderes Merkmal erhält er einen Bart aus gelocktem Ziegenfell, seine Perücke wurde aus dem gleichen Material genäht. In die leere Körperhülle stopfen Sie 2–3 cm Watte und schieben anschließend wie gewohnt den Kopf mit der Bauchrolle (Mumie) fest hinein. Die Schulternähte werden wie immer mit kleinen Matratzenstichen geschlossen. Arme und Beine schön griffig stopfen und zunähen. Die Ecken an den Armen schlagen Sie rechts und links nach innen ein, so daß Sie nur das schmale Mittelstück am Ende der Schulternaht annähen müssen.

Die geschlossenen Beine werden mit ca. 2–3 cm Abstand von der unteren Körpernaht aufgenäht, so daß die Puppe auch sitzen kann.

Diesen Körperschnitt können Sie natürlich auch durch Kopieren vergrößern oder verkleinern und somit auf individuelle Kopfgrößen abstimmen. Die Garderobe ist wieder nach dem Grundschnitt aus dem Vorlagenbogen zu fertigen. Dort finden Sie auch den Körperschnitt von Himpelchen und Pimpelchen.

Dieser wird ganz aus Nickiplüsch genäht. In die Armöffnung kräuseln Sie wie bei den Wuschelkindern kleine, gestopfte Kugelhände ein. Die Körperhülle wird hier nicht mit Watte, sondern mit feinem Granulat gefüllt. In der Regel reicht eine Füllung bis zur Brusthöhe. Ein Zuviel an Granulat beeinträchtigt die Beweglichkeit. Schieben Sie den vorbereiteten Kopf mit 15 cm Umfang in den gefüllten Körper, und nähen Sie ihn am Hals mit kleinen Stichen fest an. Unter der Taille befestigen Sie aus Satinband einen Gürtel mit einer Schnalle. Auf diese Weise wird eine Hose vorgetäuscht.

Selbstverständlich lassen sich in diesen kleinen Granulatkörper verschiedenartige Puppenköpfe hineinarbeiten, und Ihre Begeisterung wird sicherlich mit jeder neuen Kreation wachsen.

Anna Maria,
6 Jahre

Das Schulalter

Was wäre ein Schulbeginn ohne eine gefüllte Schultüte! Sie gehört ebenso wie Ranzen und Schulmäppchen am ersten Tag zur Grundausstattung. Wenn Sie darüber nachdenken, wie eine selbstgemachte Tüte aussehen könnte, so fallen Ihnen sicherlich einige Lieblingsfiguren Ihres Kindes ein wie z.B. Pippi Langstrumpf, Pumuckl, ein Bär, Benjamin Blümchen oder eine Maus. Eine solche Figur läßt sich sehr gut mit einer selbstgemachten Schultüte in Verbindung bringen. Ich möchte Ihnen einen Grundschnitt mit einem lustigen Motiv, einem Clown, vorstellen.

Außer der Grundausstattung an Material benötigen Sie noch einen 1 m langen Rundstab mit einem Durchmesser von 1 cm, Plakatkarton, 60 cm Nickiplüsch, 30 cm Baumwollstoff, Fell für die Perücke und Accesoires nach Ihrer Wahl.

Sie nehmen zu Beginn den Rundstab und bestreichen diesen am Ende ca. 10 cm hoch rundherum mit Puppenkleber. Schneiden Sie Vliesstreifen von 6 cm Breite und 80 cm Länge, reißen Sie diese auseinander, und kleben Sie den ersten rundherum auf den Stab. Die anderen Vliesstreifen legen Sie im Verlauf wie eine Acht um den Stab herum. Ab und zu durch einen waagerechten Streifen stabilisieren. Sie halten somit einen Stab mit einem aufgewikkelten Vliesball als Kopf, dessen Umfang 28 cm beträgt, in der Hand. Nun sofort den Schlauchverband über den Kopf ziehen, wobei das abgebundene Schlauchende ganz weit nach hinten geschoben wird. Der Grund hierfür ist die Glatze des Clowns: Es sollten keine Unebenheiten darauf zu sehen sein. Nun die Augenlinie wie immer mit einem Fischerknoten abbinden, das Kinn jedoch nur durch einen Halbkreis von Ohr zu Ohr. Der Bereich für die spätere Glatze bleibt auch hier wieder unberührt.

Den Gesichtsstoff, ca. 35 cm hoch, legen Sie über Gesicht und Glatze und befestigen ihn waagerecht am Hinterkopf mit wenigen Stecknadeln. Damit der Trikot stramm anliegt, zwei Stecknadeln auf die Augenlinie stecken. Nun nähen Sie den Trikot am Hinterkopf an. Anschließend ziehen Sie an der rechten Seite den Trikot etwas nach unten und legen ihn gleichzeitig durch eine eingelegte Falte stramm um die Glatze herum bis zur hinteren Mittellinie. Nun können Sie den Vorgang gegengleich an der linken Seite wiederholen. Die eingelegten Falten um die Glatze herum und die hintere Mittelnaht mit kleinen Saumstichen annähen.

Zum Schluß das Kinn ein bißchen anheben und dabei den Hals abbinden, die Stoffenden am Stock mit etwas Kleber befestigen.

Der Bemalung des Gesichtes steht nun nichts mehr im Weg. Auch hier können Sie wieder mit Ihrem Phantomstift einen zarten Entwurf aufmalen. Vergessen Sie bitte nicht, eine rote Knollennase mit einem 1-DM-Stück (siehe Peppino, Seite 26) anzufertigen und mit kleinen Matratzenstichen unterhalb der Augenlinie anzunähen.

Die angenähte Falte um die Glatze herum verdecken Sie mit einer Fellperücke, die Sie um den Kopf herum ankleben.

Dem Schnittmuster entsprechend nähen Sie das Oberteil und lassen die Rückennaht zum späteren Füllen der Tüte offen. In die eingekräuselte Armöffnung nähen Sie die mit Watte gefüllten Hände ein. Die kleine Halsöffnung etwas ankräuseln und fest am Hals annähen.
Bis jetzt haben Sie einen Stab mit einem aufgewickelten Clownkopf und einer leeren Stoffhülle als Oberteil in der Hand. Es gilt nun, dieses Gebilde mit der unteren Tüte in Verbindung zu bringen.
Schneiden Sie hierzu laut Schnitt den Karton zu, und legen Sie diesen auf die linke Seite des Nickistoffes bei senkrechtem Fadenverlauf. Den Stoff rundherum mit 1 cm Nahtzugabe ausschneiden. Anschließend den Rand der Tüte mit Puppenkleber versehen und nur die Nahtzugabe des Stoffes innen auf dem Karton festkleben.
Nun können Sie den Karton zu einer Tüte zusammenrollen. Diese sollten Sie wegen der vorhandenen Spannung mit einer Wäscheklammer kurz zusammenhalten. Die Kreisöffnung sollte so groß sein, daß das bereits vorhandene Oberteil rundherum angenäht werden kann. Danach schließen Sie den Tütenkreis und nähen von oben bis unten mit kleinen Stichen den Stoff zusammen. Es empfiehlt sich, gelegentlich durch den Karton zu stechen.
Zum Schluß führen Sie den Stab mit dem fertigen Oberteil von oben nach unten durch die kleine Öffnung nach außen und nähen das Oberteil an den Rand der Tüte fest an.
Ein Auf- und Abbewegen des Stabes hat zur Folge, daß der Clown zur Freude aller in der Tüte verschwindet und keck wieder herausschaut, daß er Ziehharmonika spielt oder lässig die Hände baumeln läßt ...
Die weitere Ausschmückung mit Hosenträgern, Fliege, großen Knöpfen sowie einem Instrument verleiht ihm dann noch mehr Ausstrahlung.

Christoph und Corinna

möchte ich nun als Schulkinder vorstellen.
Für die Kleinen ist hier nicht nur das Aus- und Ankleiden interessant, sondern es besteht überdies auch die Möglichkeit, die Puppen richtig zu frisieren. Ich habe für jeden der beiden eine passende Perücke im Fachhandel ausgesucht und auf dem Kopf festgenäht. Auch für Puppensammler ist das Paar ein willkommenes Geschenk. Denn das Thema „Schule“ ist stets aktuell, beinhaltet aber immer auch ein Stück Nostalgie.

Gleich hab' ich es
raus ...

Draußen vom Walde
komm' ich her ...

Vorweihnachtszeit

Das letzte Kapitel meines Buches stellt nun Geschenkmodelle für die Vorweihnachtszeit vor.

Ein Nikolaus, der bereits aus allen erdenklichen Materialien hergestellt wird, fordert geradezu sein Recht, auch einen Platz in dieser Puppenfamilie einzunehmen.
Das Photo auf Seite 44/45 zeigt eine winterliche Idylle, und dementsprechend ist auch seine Gestaltung. Die Perücke sowie sein Bart sind aus weißem Lockenfell gefertigt.
Seine Kleidung ist wieder nach dem Kleidergrundschnitt genäht. Die Hose ist diesmal dreiviertellang, damit die warmen Wollstrümpfe über den geschnürten Winterstiefeln herausschauen und eine gewisse Behaglichkeit zum Ausdruck bringen. Ebenso sind der weiße Fellbesatz an den Armen sowie die Mütze unentbehrliche Akzente für einen Weihnachtsmann.
Der Nikolaus ist eine Puppe mit geraden Beinen und Scheibengelenken und hat die gleichen Maße wie Corinna und der Sandmann im Fesselballon.

✦ ✦ ✦

Links auf dem Winterbild haben sich noch ein kleiner Engel und ein Nikolaus in Miniatur postiert. Sie dienen eigentlich der Dekoration im geschmückten Zimmer und sind als liebevolle, kleine Geschenke sehr gut geeignet.
Die Köpfe haben einen Kopfumfang von 10 cm und werden mit Ausnahme der Polypenarme nach dem gleichen Schema gearbeitet.
Den kleinen Körper gestalten Sie aus Pfeifenputzer, Karton und Weihnachtstischband mit Drahteinlage.

Ein Sandmann im Fesselballon als Adventskalender

Für diese wunderschöne und gleichzeitig stimulierende Dekoration in der Adventszeit ist unter anderem auch die sorgfältige Stoffauswahl von besonderer Bedeutung.
Außer dem Puppenmaterial brauchen Sie einen aufblasbaren Wasserball von 50 cm Durchmesser.
Für den Ball, das Oberteil und die Mütze des Sandmannes sowie für die 24 Säckchen (je 14 cm x 16 cm) benötigen Sie insgesamt 1,80 m Baumwollstoff bei einer Mindestbreite von 1,10 m. Für die Hose sind dann noch 25 cm farblich passender Nickiplüsch erforderlich. Außerdem 7,20 m von einem 3 mm breiten Satinband zum Anbringen der 24 Säckchen, 1 Korb von ca. 25 cm Durchmesser und 9,60 m farblich abgestimmte Zierkordel für Ballon und Korb.

Der Sandmann ist, was die Herstellung des Körpers angeht, gleich wie der Nikolaus oder Corinna. Lediglich die Frisur ist aus Pelzwolle gehäkelt. Für den Bart häkeln Sie eine Reihe Luftmaschen

von Ohr zu Ohr und nähen diese mit ein paar Stichen am Gesicht an.
Für die Kleidung nehmen Sie den gleichen Grundschnitt wie für den Nikolaus. Nur das Oberteil etwas weiter schneiden, weil Baumwollstoff anders fällt als Nicki. Um die Taille binden Sie dann noch einen Gürtel, der das Gesamtbild besonders keck erscheinen läßt.

Für den Fesselballon benötigen Sie zunächst einen Schnitt. Da die Wasserbälle unterschiedlich ausfallen, ist hier ein eigenes Muster anzufertigen. Pusten Sie hierfür Ihren Ball stramm auf, und legen Sie Küchenkrepp über ein Segment. Dieses Muster vervielfältigen Sie nun gemäß der Anzahl der Segmente auf Ihrem Wasserball und schneiden diese mit Nahtzugabe aus dem Baumwollstoff aus. Nähen Sie nun diese Teile aneinander, wobei oben kreuzförmig eine Öffnung von ca. 10 cm bleibt. Die leere Hülle des Wasserballs durch diese Öffnung stecken, stramm aufpusten, mit dem Stöpsel verschließen und darüber den Stoff vorsichtig zusammennähen.
Schneiden Sie nun von der Zierkordel dreimal 2,80 m ab, verknoten Sie alle drei Stücke in regelmäßigen Abständen am Korb, und führen Sie anschließend die drei freien Enden durch einen Gardinenring zum Verknoten auf die gegenüberliegende Seite.
Hängen Sie den Korb an diesem Gardinenring frei schwebend auf. Schieben Sie nun den Wasserball in das obere Drittel zwischen die Zierkordel. Damit er an dieser Stelle hängen bleibt, fixieren Sie ihn mit ein paar Stichen an der Kordel. Vorsichtig arbeiten und an den prall gefüllten Ballon denken!
Um den Ballon herum legen Sie nun waagerecht die Zierkordel und befestigen diese jeweils mit wenigen Stichen an der anderen Kordel. Jetzt können Sie die 24 genähten Säckchen füllen und über den ganzen Korb verteilt anbinden. Als krönenden Abschluß stellen Sie den Sandmann in den Korb.
Ein zusätzlicher Hauch von Romantik könnte durch eine Minilichterkette erzielt werden, die man über das Ganze verteilt.